350 ejercicios de
tablas de multiplicar

para 2º de Primaria

Tomo **I**

Proyecto Aristóteles

Copyright © 2014 Proyecto Aristóteles

Todos los derechos reservados.

Quedan prohibidos, dentro de los límites establecidos en la ley y bajo los apercibimientos legalmente previstos, la preproducción total o parcial de esta obra por cualquier medio o procedimiento, ya sea electrónico o mecánico, el tratamiento informático, el alquiler o cualquier otra forma de cesión de la obra sin la autorización previa y por escrito de los titulares del copyright.

ISBN: 1495449440
ISBN-13: 978-1495449444

Para Adrián y Carlos.

CONTENIDOS

Para comenzar   i

1   Ejercicios   1

PARA COMENZAR

El blasón del Proyecto Aristóteles es el proverbio *usus, magíster egregius* (la práctica es el mejor maestro). El dominio de cualquier disciplina, incluidas las matemáticas, sólo puede adquirirse a través del ejercicio variado y constante. Éste es el motivo por el cual presentamos nuestra serie especial de ejercicios para Segundo de Primaria. El presente volumen está dedicado a ejercitar el conocimiento de las multiplicaciones mediante ejercicios de completar tablas y resolver multiplicaciones individuales y seriadas.

Multiplicación.

2 x 9 =   4 x 7 =

4 x 6 =   2 x 6 =

2 x 7 =   4 x 3 =

4 x 5 =   2 x 1 =

2 x 3 =   4 x 2 =

Multiplicación.

2 x 8 =

5 x 3 =

6 x 9 =

4 x 4 =

3 x 7 =

3 x 3 =

2 x 9 =

10 x 5 =

5 x 6 =

6 x 8 =

5 x 5 =

4 x 3 =

6 x 2 =

3 x 9 =

10 x 9 =

2 x 5 =

5 x 7 =

3 x 4 =

6 x 7 =

4 x 2 =

Completa las tablas

2 × 0 = ...	4 × 0 = ...	5 × 0 = ...	10 × 0 = ...
2 × 1 = ...	4 × 1 = ...	5 × 1 = ...	10 × 1 = ...
2 × 2 = ...	4 × 2 = ...	5 × 2 = ...	10 × 2 = ...
2 × 3 = ...	4 × 3 = ...	5 × 3 = ...	10 × 3 = ...
2 × 4 = ...	4 × 4 = ...	5 × 4 = ...	10 × 4 = ...
2 × 5 = ...	4 × 5 = ...	5 × 5 = ...	10 × 5 = ...
2 × 6 = ...	4 × 6 = ...	5 × 6 = ...	10 × 6 = ...
2 × 7 = ...	4 × 7 = ...	5 × 7 = ...	10 × 7 = ...
2 × 8 = ...	4 × 8 = ...	5 × 8 = ...	10 × 8 = ...
2 × 9 = ...	4 × 9 = ...	5 × 9 = ...	10 × 9 = ...
2 × 10 = ...	4 × 10 = ...	5 × 10 = ...	10 × 10 = ...

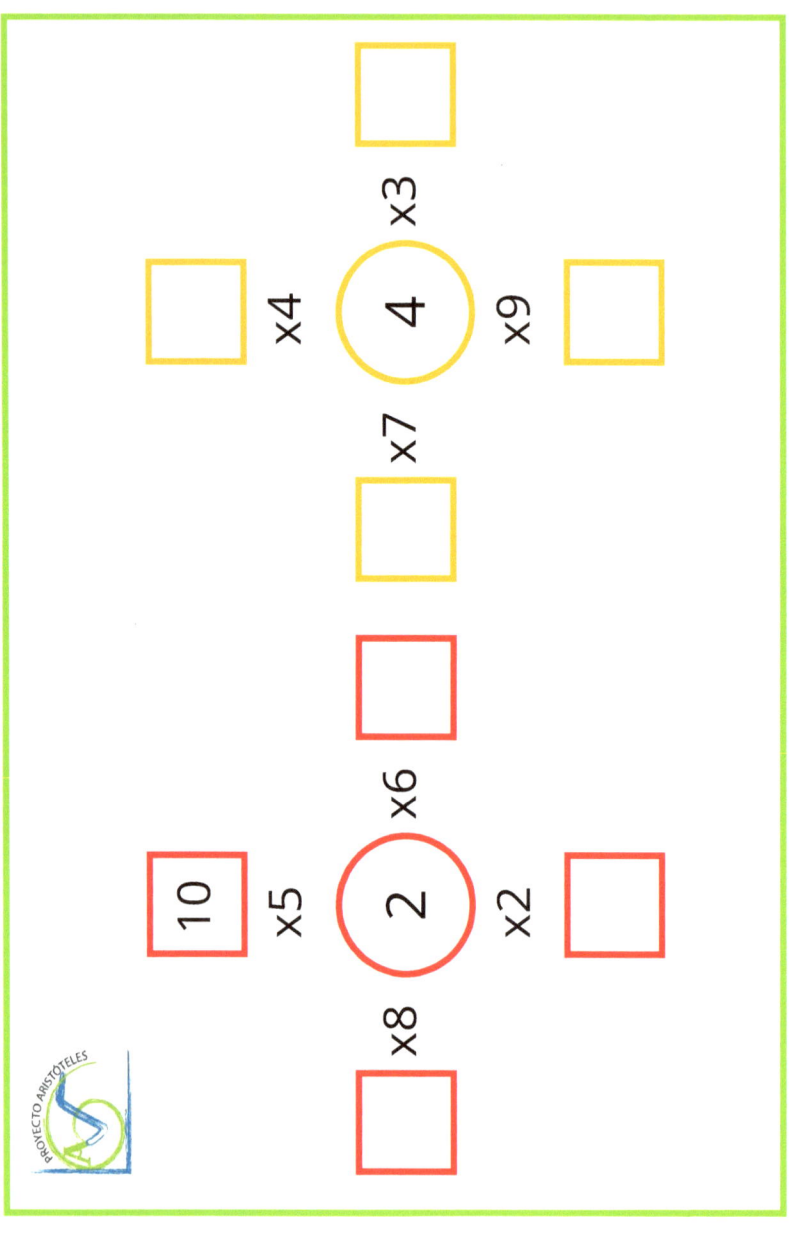

Multiplicación.

2 x 3 =   4 x 8 =

4 x 3 =   2 x 6 =

2 x 5 =   4 x 5 =

4 x 9 =   2 x 4 =

2 x 7 =   4 x 6 =

Multiplicación.

2 × 6 =	3 × 5 =	5 × 3 =	2 × 9 =
5 × 9 =	2 × 4 =	4 × 8 =	5 × 5 =
6 × 7 =	10 × 3 =	6 × 6 =	3 × 6 =
4 × 5 =	5 × 4 =	3 × 7 =	6 × 5 =
3 × 8 =	6 × 3 =	10 × 8 =	4 × 9 =

Completa las tablas

3 × 0 = ...	6 × 0 = ...	9 × 0 = ...	1 × 0 = ...
3 × 1 = ...	6 × 1 = ...	9 × 1 = ...	1 × 1 = ...
3 × 2 = ...	6 × 2 = ...	9 × 2 = ...	1 × 2 = ...
3 × 3 = ...	6 × 3 = ...	9 × 3 = ...	1 × 3 = ...
3 × 4 = ...	6 × 4 = ...	9 × 4 = ...	1 × 4 = ...
3 × 5 = ...	6 × 5 = ...	9 × 5 = ...	1 × 5 = ...
3 × 6 = ...	6 × 6 = ...	9 × 6 = ...	1 × 6 = ...
3 × 7 = ...	6 × 7 = ...	9 × 7 = ...	1 × 7 = ...
3 × 8 = ...	6 × 8 = ...	9 × 8 = ...	1 × 8 = ...
3 × 9 = ...	6 × 9 = ...	9 × 9 = ...	1 × 9 = ...
3 × 10 = ...	6 × 10 = ...	9 × 10 = ...	1 × 10 = ...

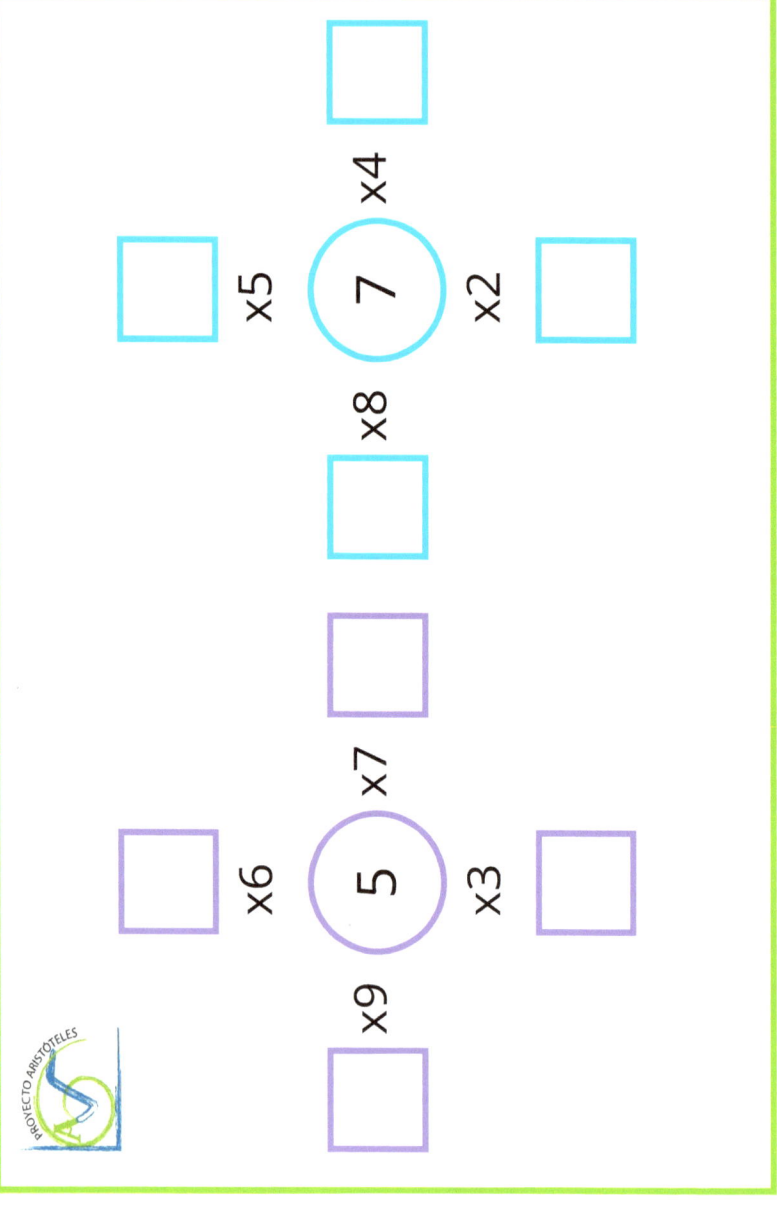

Multiplicación.

3 x 10 =

5 x 6 =

3 x 2 =

5 x 3 =

3 x 9 =

5 x 7 =

3 x 4 =

5 x 4 =

3 x 8 =

5 x 9 =

Multiplicación.

2 x 8 =	3 x 6 =		2 x 7 =
5 x 4 =	2 x 5 =	5 x 5 =	5 x 4 =
6 x 6 =	10 x 5 =	4 x 7 =	3 x 9 =
4 x 3 =	5 x 3 =	6 x 8 =	6 x 7 =
3 x 0 =	6 x 4 =	3 x 6 =	4 x 5 =
		10 x 2 =	

Completa las tablas

7 × 0 = ...	8 × 0 = ...	2 × 0 = ...	3 × 0 = ...
7 × 1 = ...	8 × 1 = ...	2 × 1 = ...	3 × 1 = ...
7 × 2 = ...	8 × 2 = ...	2 × 2 = ...	3 × 2 = ...
7 × 3 = ...	8 × 3 = ...	2 × 3 = ...	3 × 3 = ...
7 × 4 = ...	8 × 4 = ...	2 × 4 = ...	3 × 4 = ...
7 × 5 = ...	8 × 5 = ...	2 × 5 = ...	3 × 5 = ...
7 × 6 = ...	8 × 6 = ...	2 × 6 = ...	3 × 6 = ...
7 × 7 = ...	8 × 7 = ...	2 × 7 = ...	3 × 7 = ...
7 × 8 = ...	8 × 8 = ...	2 × 8 = ...	3 × 8 = ...
7 × 9 = ...	8 × 9 = ...	2 × 9 = ...	3 × 9 = ...
7 × 10 = ...	8 × 10 = ...	2 × 10 = ...	3 × 10 = ...

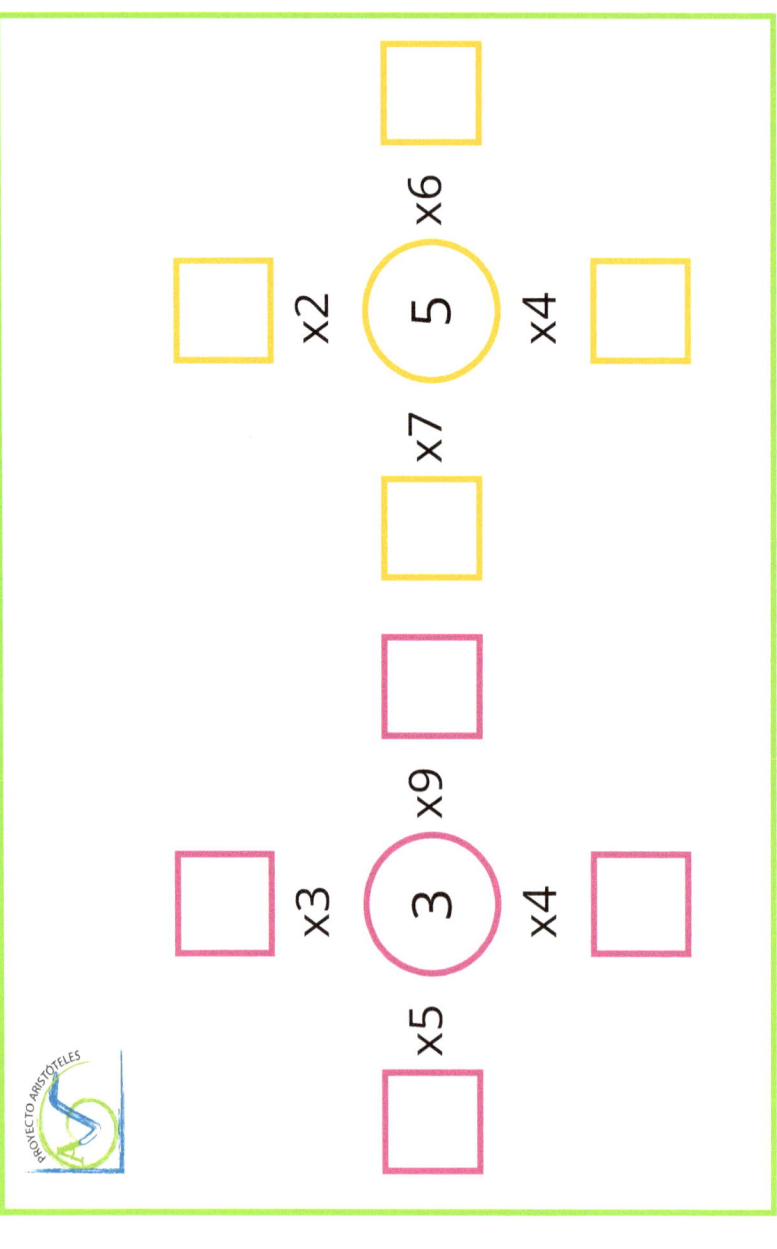

Multiplicación.

3 x 2 =

5 x 10 =

3 x 5 =

5 x 9 =

3 x 3 =

5 x 6 =

3 x 7 =

5 x 2 =

3 x 6 =

5 x 5 =

Multiplicación.

4 x 9 =

3 x 8 =

6 x 4 =

2 x 5 =

5 x 6 =

5 x 7 =

2 x 6 =

10 x 3 =

3 x 4 =

6 x 8 =

5 x 9 =

3 x 7 =

6 x 5 =

4 x 6 =

10 x 3 =

2 x 3 =

5 x 3 =

3 x 6 =

6 x 6 =

4 x 3 =

Completa las tablas

3 × 0 = ...	5 × 0 = ...	6 × 0 = ...	9 × 0 = ...
3 × 1 = ...	5 × 1 = ...	6 × 1 = ...	9 × 1 = ...
3 × 2 = ...	5 × 2 = ...	6 × 2 = ...	9 × 2 = ...
3 × 3 = ...	5 × 3 = ...	6 × 3 = ...	9 × 3 = ...
3 × 4 = ...	5 × 4 = ...	6 × 4 = ...	9 × 4 = ...
3 × 5 = ...	5 × 5 = ...	6 × 5 = ...	9 × 5 = ...
3 × 6 = ...	5 × 6 = ...	6 × 6 = ...	9 × 6 = ...
3 × 7 = ...	5 × 7 = ...	6 × 7 = ...	9 × 7 = ...
3 × 8 = ...	5 × 8 = ...	6 × 8 = ...	9 × 8 = ...
3 × 9 = ...	5 × 9 = ...	6 × 9 = ...	9 × 9 = ...
3 × 10 = ...	5 × 10 = ...	6 × 10 = ...	9 × 10 = ...

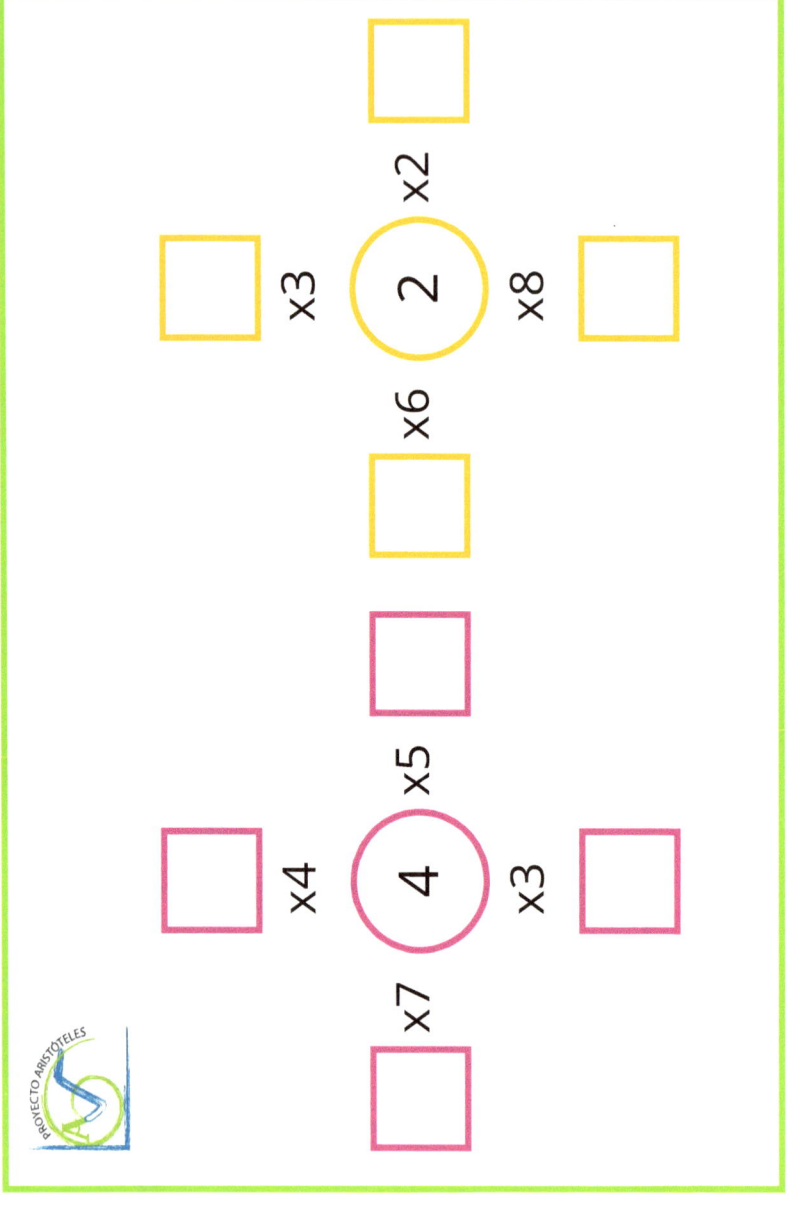

Multiplicación.

6 x 3 =

7 x 5 =

6 x 6 =

7 x 8 =

6 x 2 =

7 x 4 =

6 x 8 =

7 x 3 =

6 x 5 =

7 x 9 =

Multiplicación.

3 x 6 =	10 x 8 =	6 x 4 =	2 x 8 =
5 x 3 =	2 x 5 =	4 x 2 =	5 x 5 =
6 x 6 =	6 x 3 =	5 x 9 =	3 x 5 =
4 x 8 =	5 x 7 =	3 x 8 =	2 x 7 =
2 x 9 =	3 x 9 =	10 x 3 =	4 x 9 =

Completa las tablas

4 x 0 = ...	7 x 0 = ...	10 x 0 = ...	2 x 0 = ...
4 x 1 = ...	7 x 1 = ...	10 x 1 = ...	2 x 1 = ...
4 x 2 = ...	7 x 2 = ...	10 x 2 = ...	2 x 2 = ...
4 x 3 = ...	7 x 3 = ...	10 x 3 = ...	2 x 3 = ...
4 x 4 = ...	7 x 4 = ...	10 x 4 = ...	2 x 4 = ...
4 x 5 = ...	7 x 5 = ...	10 x 5 = ...	2 x 5 = ...
4 x 6 = ...	7 x 6 = ...	10 x 6 = ...	2 x 6 = ...
4 x 7 = ...	7 x 7 = ...	10 x 7 = ...	2 x 7 = ...
4 x 8 = ...	7 x 8 = ...	10 x 8 = ...	2 x 8 = ...
4 x 9 = ...	7 x 9 = ...	10 x 9 = ...	2 x 9 = ...
4 x 10 = ...	7 x 10 = ...	10 x 10 = ...	2 x 10 = ...

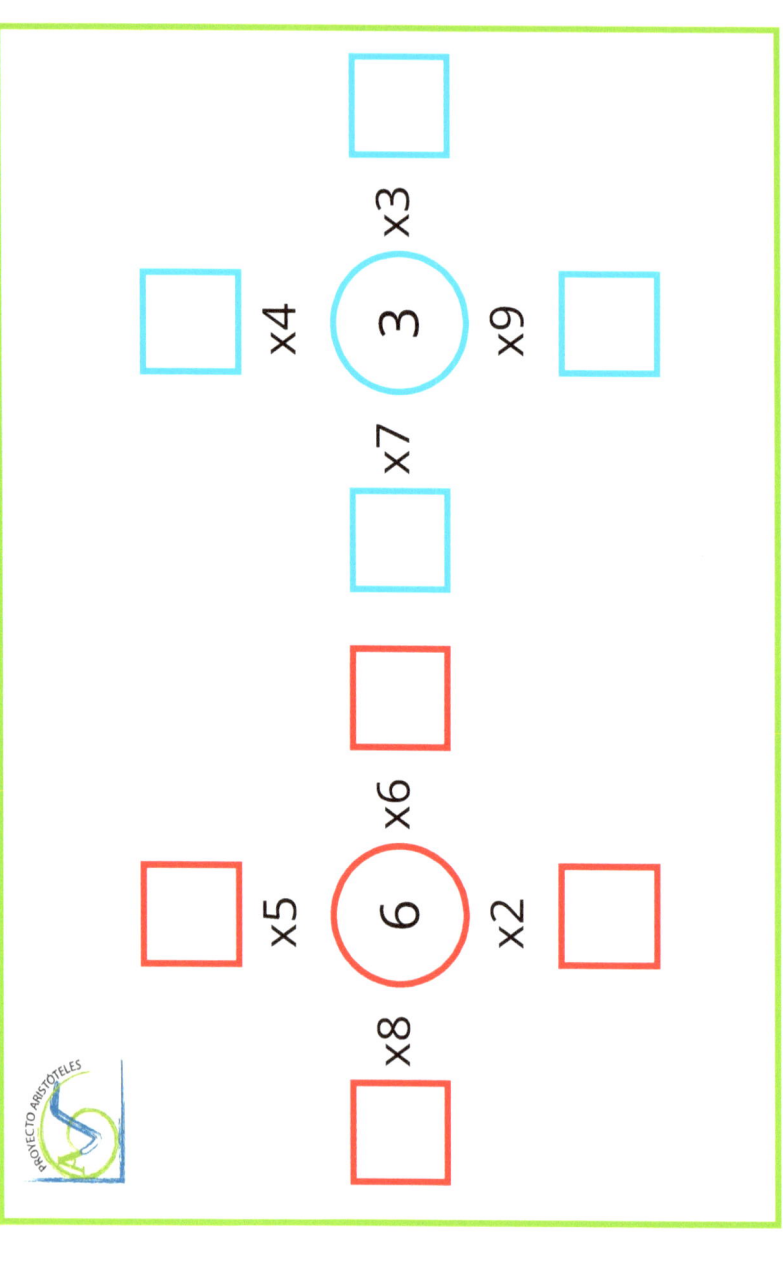

Multiplicación.

6 x 9 =

7 x 6 =

6 x 7 =

7 x 5 =

6 x 3 =

7 x 7 =

6 x 4 =

7 x 3 =

6 x 1 =

7 x 2 =

Multiplicación.

3 x 5 =

5 x 9 =

6 x 3 =

4 x 7 =

2 x 5 =

10 x 3 =

2 x 6 =

3 x 3 =

5 x 4 =

6 x 5 =

6 x 9 =

4 x 8 =

5 x 3 =

3 x 4 =

10 x 5 =

2 x 7 =

5 x 6 =

3 x 9 =

6 x 6 =

4 x 4 =

Completa las tablas

8 x 0 = ...	1 x 0 = ...	5 x 0 = ...	6 x 0 = ...
8 x 1 = ...	1 x 1 = ...	5 x 1 = ...	6 x 1 = ...
8 x 2 = ...	1 x 2 = ...	5 x 2 = ...	6 x 2 = ...
8 x 3 = ...	1 x 3 = ...	5 x 3 = ...	6 x 3 = ...
8 x 4 = ...	1 x 4 = ...	5 x 4 = ...	6 x 4 = ...
8 x 5 = ...	1 x 5 = ...	5 x 5 = ...	6 x 5 = ...
8 x 6 = ...	1 x 6 = ...	5 x 6 = ...	6 x 6 = ...
8 x 7 = ...	1 x 7 = ...	5 x 7 = ...	6 x 7 = ...
8 x 8 = ...	1 x 8 = ...	5 x 8 = ...	6 x 8 = ...
8 x 9 = ...	1 x 9 = ...	5 x 9 = ...	6 x 9 = ...
8 x 10 = ...	1 x 10 = ...	5 x 10 = ...	6 x 10 = ...

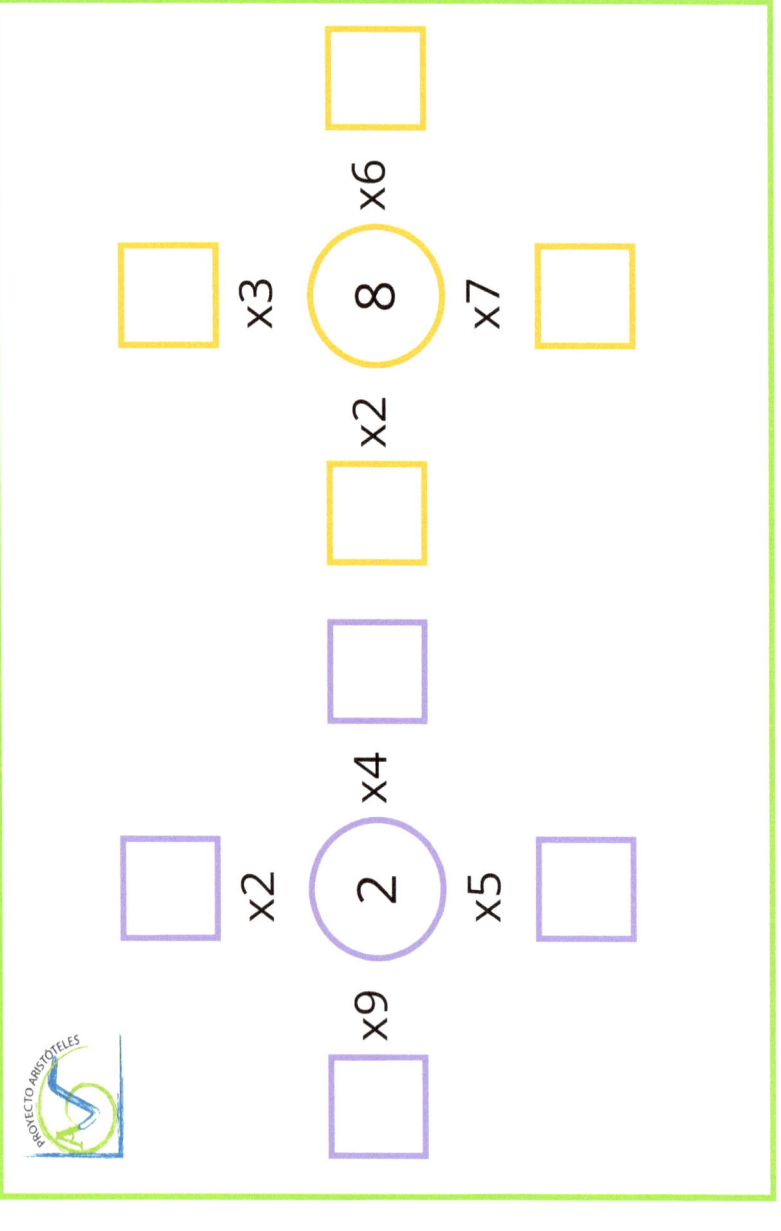

Multiplicación.

8 x 2 =

9 x 3 =

8 x 5 =

9 x 9 =

8 x 7 =

9 x 8 =

8 x 6 =

9 x 5 =

8 x 4 =

9 x 6 =

Multiplicación.

3 x 3 =	10 x 5 =	6 x 3 =	2 x 8 =
5 x 2 =	2 x 3 =	4 x 2 =	5 x 5 =
6 x 8 =	3 x 7 =	5 x 7 =	3 x 5 =
4 x 5 =	5 x 6 =	3 x 3 =	6 x 4 =
2 x 7 =	6 x 9 =	10 x 1 =	4 x 9 =

Completa las tablas

6 × 0 = ...	2 × 0 = ...	9 × 0 = ...	4 × 0 = ...
6 × 1 = ...	2 × 1 = ...	9 × 1 = ...	4 × 1 = ...
6 × 2 = ...	2 × 2 = ...	9 × 2 = ...	4 × 2 = ...
6 × 3 = ...	2 × 3 = ...	9 × 3 = ...	4 × 3 = ...
6 × 4 = ...	2 × 4 = ...	9 × 4 = ...	4 × 4 = ...
6 × 5 = ...	2 × 5 = ...	9 × 5 = ...	4 × 5 = ...
6 × 6 = ...	2 × 6 = ...	9 × 6 = ...	4 × 6 = ...
6 × 7 = ...	2 × 7 = ...	9 × 7 = ...	4 × 7 = ...
6 × 8 = ...	2 × 8 = ...	9 × 8 = ...	4 × 8 = ...
6 × 9 = ...	2 × 9 = ...	9 × 9 = ...	4 × 9 = ...
6 × 10 = ...	2 × 10 = ...	9 × 10 = ...	4 × 10 = ...

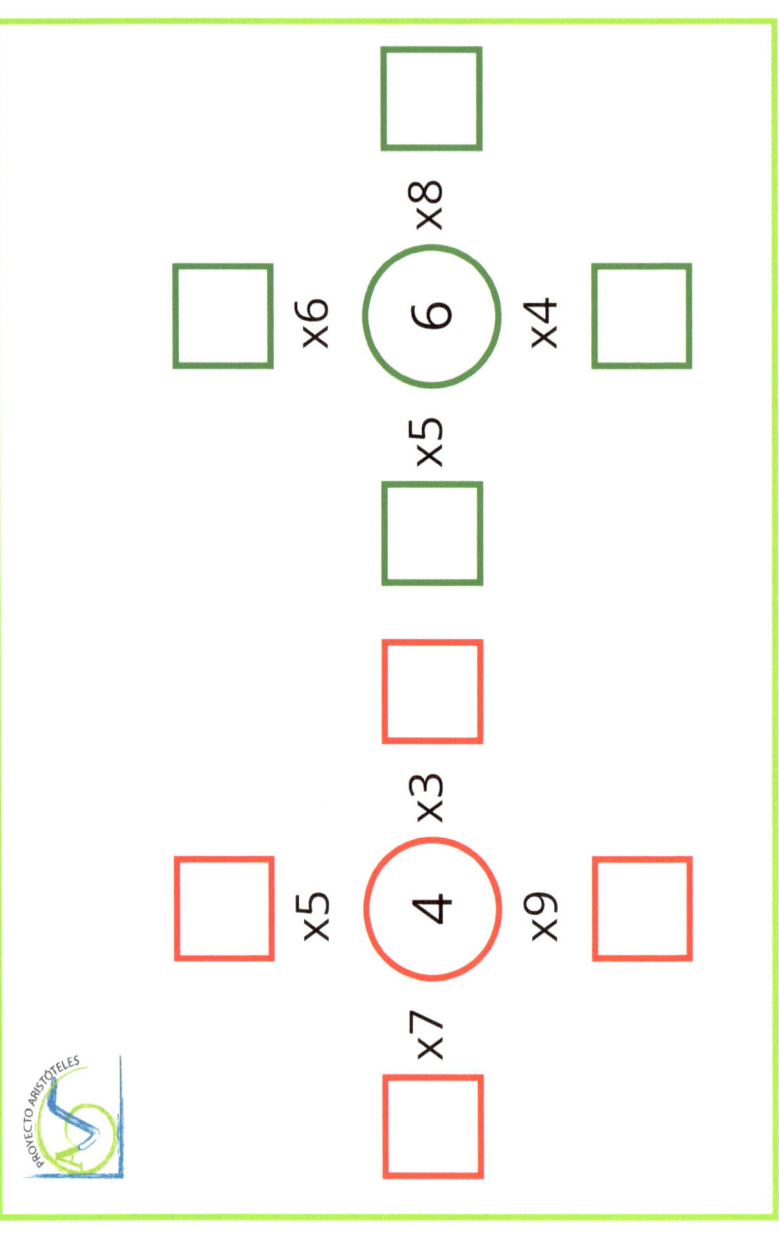

Multiplicación.

8 x 10 =

9 x 6 =

8 x 2 =

9 x 3 =

8 x 9 =

9 x 7 =

8 x 4 =

9 x 4 =

8 x 8 =

9 x 9 =

Multiplicación.

3 x 9 =	10 x 3 =	6 x 6 =	2 x 9 =
5 x 6 =	2 x 7 =	4 x 5 =	5 x 3 =
6 x 2 =	3 x 5 =	5 x 4 =	3 x 6 =
4 x 8 =	5 x 8 =	3 x 7 =	6 x 5 =
2 x 5 =	6 x 4 =	10 x 3 =	4 x 7 =

Completa las tablas

3 × 0 = ...	5 × 0 = ...	8 × 0 = ...	7 × 0 = ...
3 × 1 = ...	5 × 1 = ...	8 × 1 = ...	7 × 1 = ...
3 × 2 = ...	5 × 2 = ...	8 × 2 = ...	7 × 2 = ...
3 × 3 = ...	5 × 3 = ...	8 × 3 = ...	7 × 3 = ...
3 × 4 = ...	5 × 4 = ...	8 × 4 = ...	7 × 4 = ...
3 × 5 = ...	5 × 5 = ...	8 × 5 = ...	7 × 5 = ...
3 × 6 = ...	5 × 6 = ...	8 × 6 = ...	7 × 6 = ...
3 × 7 = ...	5 × 7 = ...	8 × 7 = ...	7 × 7 = ...
3 × 8 = ...	5 × 8 = ...	8 × 8 = ...	7 × 8 = ...
3 × 9 = ...	5 × 9 = ...	8 × 9 = ...	7 × 9 = ...
3 × 10 = ...	5 × 10 = ...	8 × 10 = ...	7 × 10 = ...

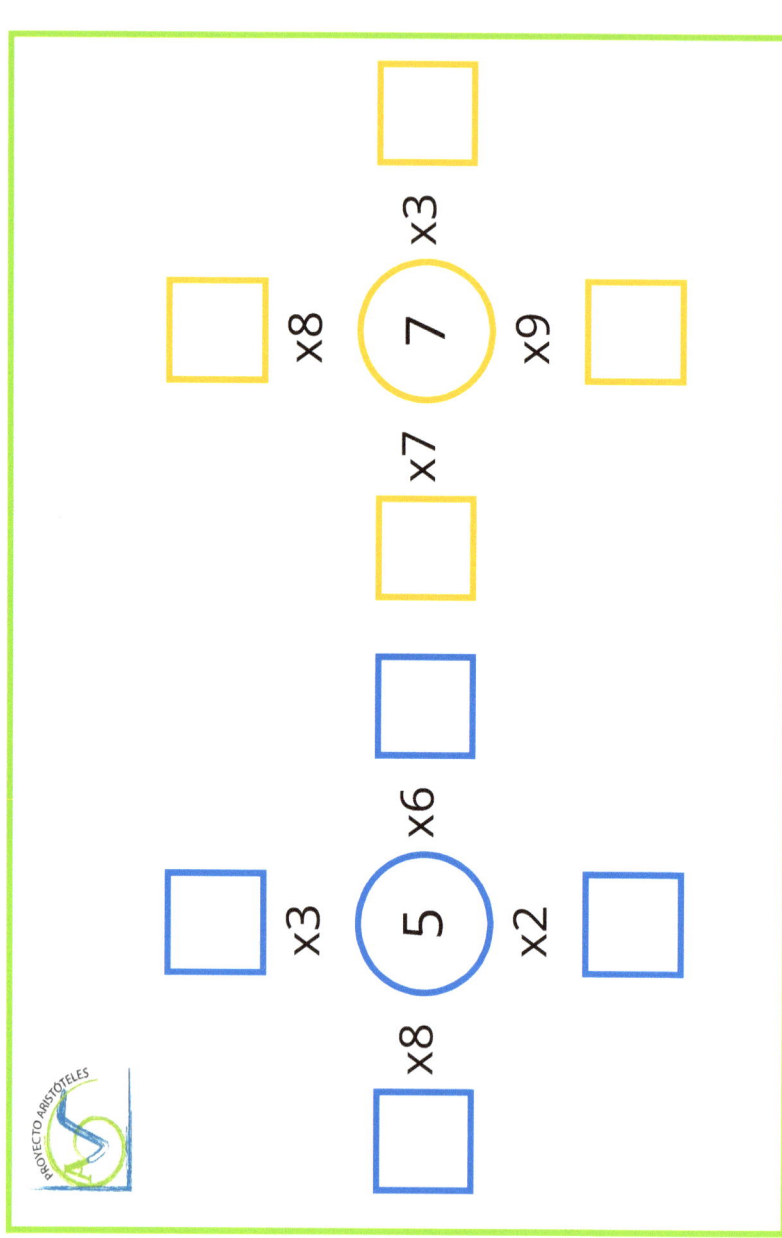

Multiplicación.

2 x 2 =

4 x 10 =

2 x 5 =

4 x 9 =

2 x 4 =

4 x 4 =

2 x 8 =

4 x 2 =

2 x 7 =

4 x 5 =

Multiplicación.

2 x 8 =

5 x 3 =

6 x 9 =

4 x 4 =

3 x 7 =

3 x 3 =

2 x 9 =

10 x 5 =

5 x 6 =

6 x 8 =

5 x 5 =

4 x 3 =

6 x 2 =

3 x 9 =

10 x 9 =

2 x 5 =

5 x 7 =

3 x 4 =

6 x 7 =

4 x 2 =

Completa las tablas

9 x 0 = ...	6 x 0 = ...	8 x 0 = ...	3 x 0 = ...
9 x 1 = ...	6 x 1 = ...	8 x 1 = ...	3 x 1 = ...
9 x 2 = ...	6 x 2 = ...	8 x 2 = ...	3 x 2 = ...
9 x 3 = ...	6 x 3 = ...	8 x 3 = ...	3 x 3 = ...
9 x 4 = ...	6 x 4 = ...	8 x 4 = ...	3 x 4 = ...
9 x 5 = ...	6 x 5 = ...	8 x 5 = ...	3 x 5 = ...
9 x 6 = ...	6 x 6 = ...	8 x 6 = ...	3 x 6 = ...
9 x 7 = ...	6 x 7 = ...	8 x 7 = ...	3 x 7 = ...
9 x 8 = ...	6 x 8 = ...	8 x 8 = ...	3 x 8 = ...
9 x 9 = ...	6 x 9 = ...	8 x 9 = ...	3 x 9 = ...
9 x 10 = ...	6 x 10 = ...	8 x 10 = ...	3 x 10 = ...

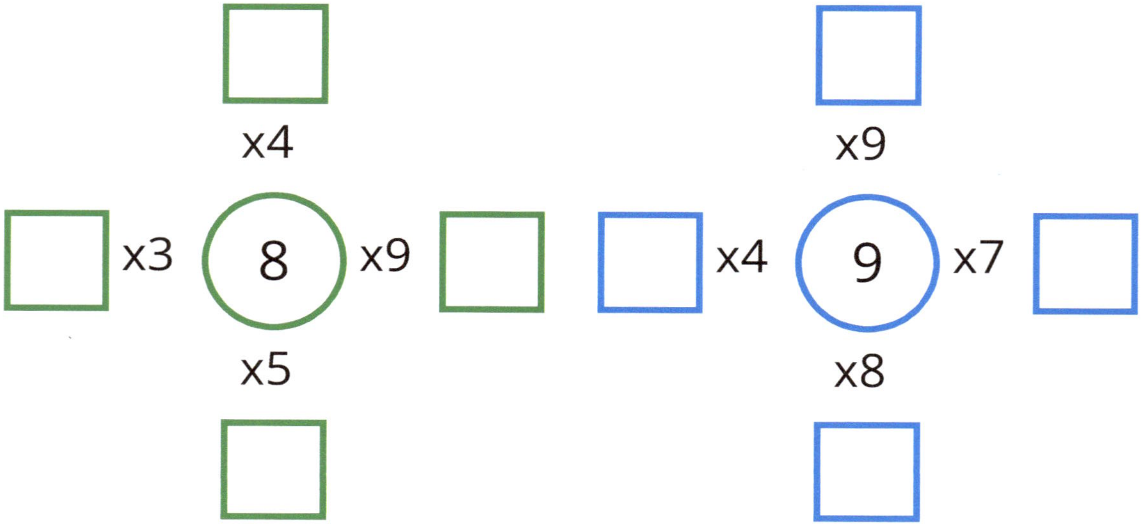

Multiplicación.

4 x 9 =

2 x 6 =

4 x 7 =

2 x 5 =

4 x 3 =

2 x 7 =

4 x 6 =

2 x 3 =

4 x 1 =

2 x 2 =

Multiplicación.

2 × 6 =	3 × 5 =	5 × 3 =	2 × 9 =
5 × 9 =	2 × 4 =	4 × 8 =	5 × 5 =
6 × 7 =	10 × 3 =	6 × 6 =	3 × 6 =
4 × 5 =	5 × 4 =	3 × 7 =	6 × 5 =
3 × 8 =	6 × 3 =	10 × 8 =	4 × 9 =

Completa las tablas

2 × 0 = ...	4 × 0 = ...	5 × 0 = ...	10 × 0 = ...
2 × 1 = ...	4 × 1 = ...	5 × 1 = ...	10 × 1 = ...
2 × 2 = ...	4 × 2 = ...	5 × 2 = ...	10 × 2 = ...
2 × 3 = ...	4 × 3 = ...	5 × 3 = ...	10 × 3 = ...
2 × 4 = ...	4 × 4 = ...	5 × 4 = ...	10 × 4 = ...
2 × 5 = ...	4 × 5 = ...	5 × 5 = ...	10 × 5 = ...
2 × 6 = ...	4 × 6 = ...	5 × 6 = ...	10 × 6 = ...
2 × 7 = ...	4 × 7 = ...	5 × 7 = ...	10 × 7 = ...
2 × 8 = ...	4 × 8 = ...	5 × 8 = ...	10 × 8 = ...
2 × 9 = ...	4 × 9 = ...	5 × 9 = ...	10 × 9 = ...
2 × 10 = ...	4 × 10 = ...	5 × 10 = ...	10 × 10 = ...

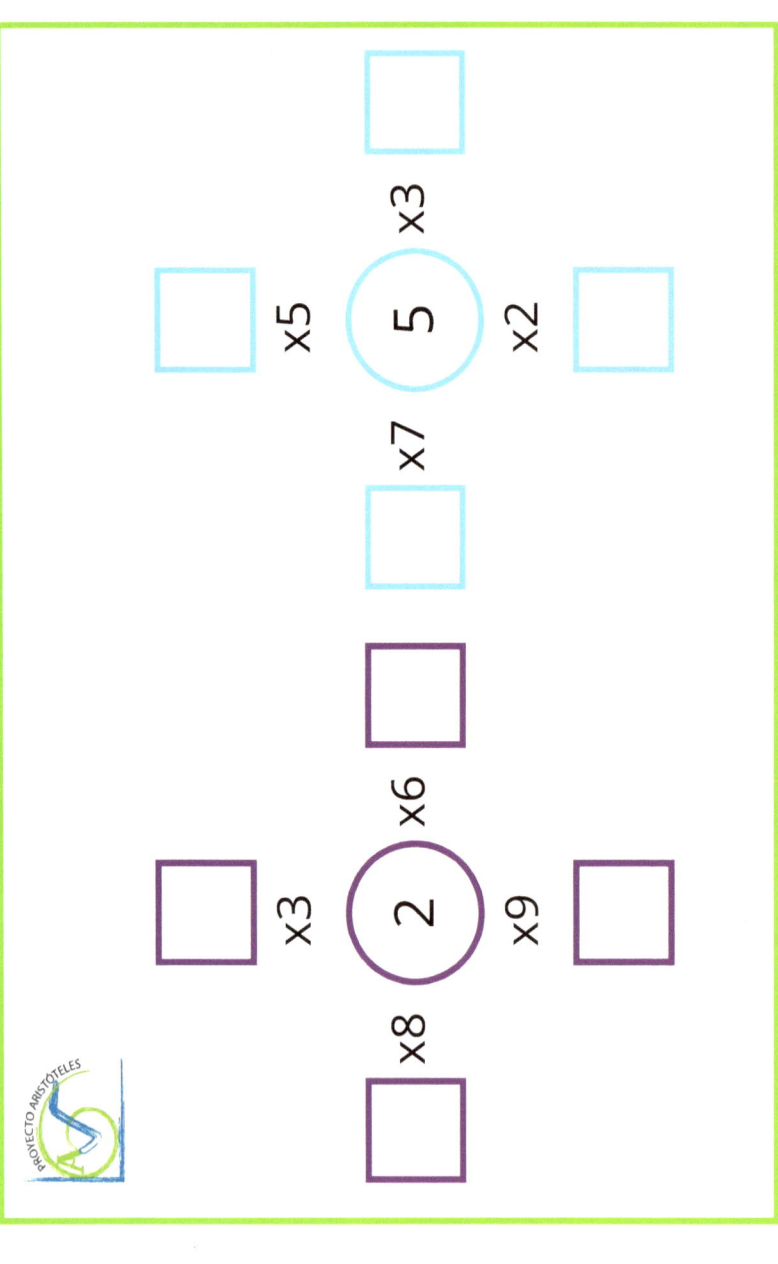

Multiplicación.

4 x 3 =

2 x 3 =

4 x 5 =

2 x 9 =

4 x 7 =

2 x 8 =

4 x 6 =

2 x 5 =

4 x 4 =

2 x 6 =

Multiplicación.

2 x 8 =	3 x 6 =	5 x 5 =	2 x 7 =
5 x 4 =	2 x 5 =	4 x 7 =	5 x 4 =
6 x 6 =	10 x 5 =	6 x 8 =	3 x 9 =
4 x 3 =	5 x 3 =	3 x 6 =	6 x 7 =
3 x 0 =	6 x 4 =	10 x 2 =	4 x 5 =

Completa las tablas

3 × 0 = ...	6 × 0 = ...	9 × 0 = ...	1 × 0 = ...
3 × 1 = ...	6 × 1 = ...	9 × 1 = ...	1 × 1 = ...
3 × 2 = ...	6 × 2 = ...	9 × 2 = ...	1 × 2 = ...
3 × 3 = ...	6 × 3 = ...	9 × 3 = ...	1 × 3 = ...
3 × 4 = ...	6 × 4 = ...	9 × 4 = ...	1 × 4 = ...
3 × 5 = ...	6 × 5 = ...	9 × 5 = ...	1 × 5 = ...
3 × 6 = ...	6 × 6 = ...	9 × 6 = ...	1 × 6 = ...
3 × 7 = ...	6 × 7 = ...	9 × 7 = ...	1 × 7 = ...
3 × 8 = ...	6 × 8 = ...	9 × 8 = ...	1 × 8 = ...
3 × 9 = ...	6 × 9 = ...	9 × 9 = ...	1 × 9 = ...
3 × 10 = ...	6 × 10 = ...	9 × 10 = ...	1 × 10 = ...

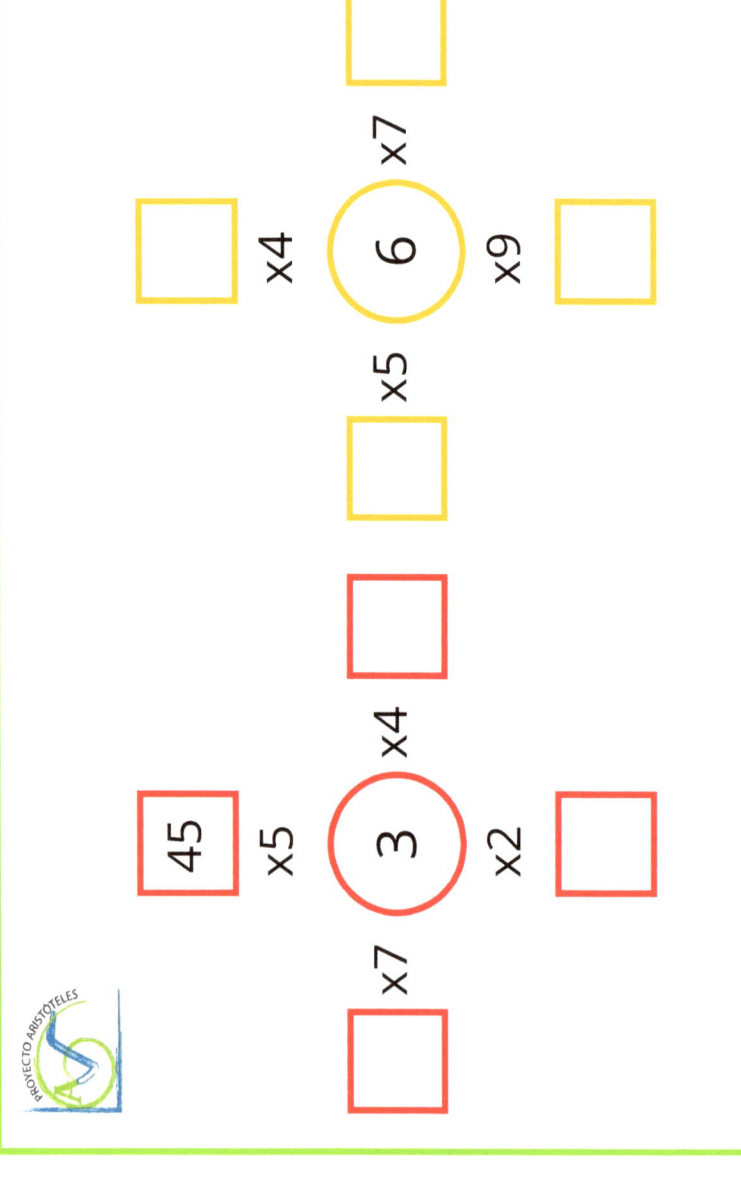

Multiplicación.

5 x 10 =

3 x 6 =

5 x 2 =

3 x 3 =

5 x 9 =

3 x 7 =

5 x 4 =

3 x 4 =

5 x 8 =

3 x 9 =

Multiplicación.

4 x 9 =

3 x 8 =

6 x 4 =

2 x 5 =

5 x 6 =

5 x 7 =

2 x 6 =

10 x 3 =

3 x 4 =

6 x 8 =

5 x 9 =

3 x 7 =

6 x 5 =

4 x 6 =

10 x 3 =

2 x 3 =

5 x 3 =

3 x 6 =

6 x 6 =

4 x 3 =

Completa las tablas

7 × 0 = ...	8 × 0 = ...	2 × 0 = ...	3 × 0 = ...
7 × 1 = ...	8 × 1 = ...	2 × 1 = ...	3 × 1 = ...
7 × 2 = ...	8 × 2 = ...	2 × 2 = ...	3 × 2 = ...
7 × 3 = ...	8 × 3 = ...	2 × 3 = ...	3 × 3 = ...
7 × 4 = ...	8 × 4 = ...	2 × 4 = ...	3 × 4 = ...
7 × 5 = ...	8 × 5 = ...	2 × 5 = ...	3 × 5 = ...
7 × 6 = ...	8 × 6 = ...	2 × 6 = ...	3 × 6 = ...
7 × 7 = ...	8 × 7 = ...	2 × 7 = ...	3 × 7 = ...
7 × 8 = ...	8 × 8 = ...	2 × 8 = ...	3 × 8 = ...
7 × 9 = ...	8 × 9 = ...	2 × 9 = ...	3 × 9 = ...
7 × 10 = ...	8 × 10 = ...	2 × 10 = ...	3 × 10 = ...

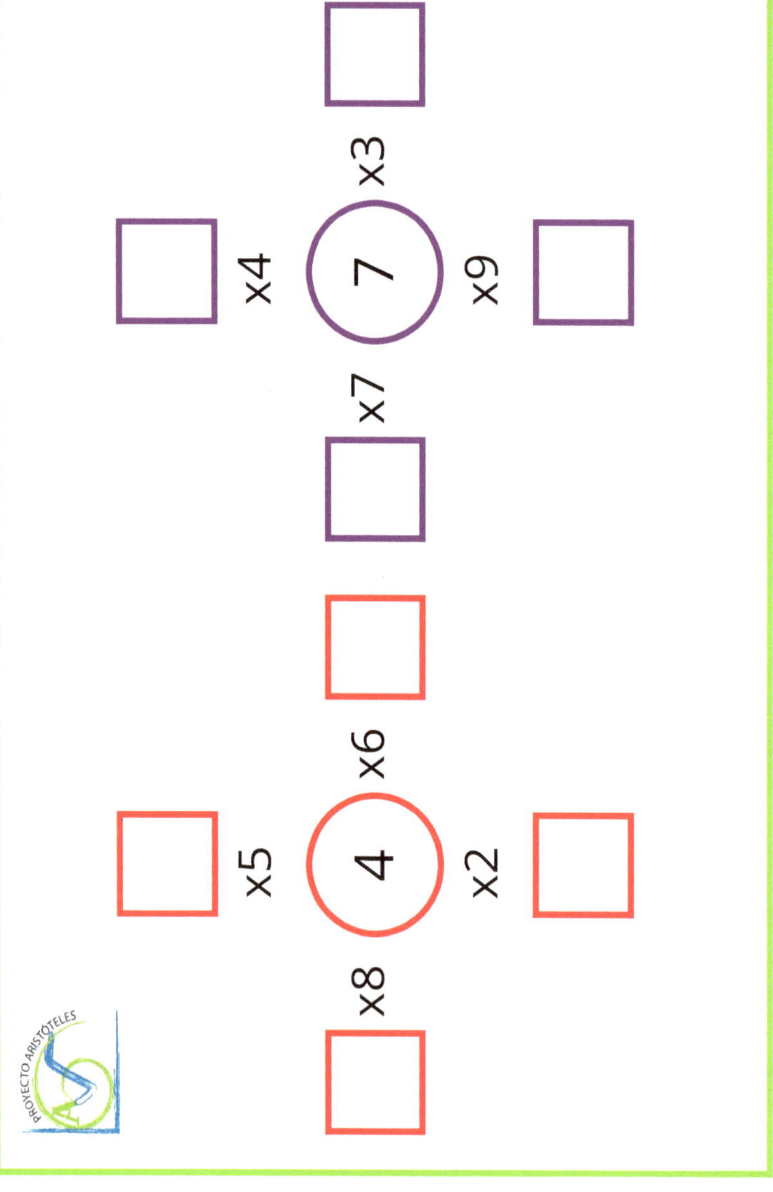

Multiplicación.

5 x 2 =

3 x 10 =

5 x 5 =

3 x 9 =

5 x 3 =

3 x 6 =

5 x 7 =

3 x 2 =

5 x 6 =

3 x 5 =

Multiplicación.

3 x 6 =	10 x 8 =	6 x 4 =	2 x 8 =
5 x 3 =	2 x 5 =	4 x 2 =	5 x 5 =
6 x 6 =	6 x 3 =	5 x 9 =	3 x 5 =
4 x 8 =	5 x 7 =	3 x 8 =	2 x 7 =
2 x 9 =	3 x 9 =	10 x 3 =	4 x 9 =

Completa las tablas

3 × 0 = ……	5 × 0 = ……	6 × 0 = ……	9 × 0 = ……
3 × 1 = ……	5 × 1 = ……	6 × 1 = ……	9 × 1 = ……
3 × 2 = ……	5 × 2 = ……	6 × 2 = ……	9 × 2 = ……
3 × 3 = ……	5 × 3 = ……	6 × 3 = ……	9 × 3 = ……
3 × 4 = ……	5 × 4 = ……	6 × 4 = ……	9 × 4 = ……
3 × 5 = ……	5 × 5 = ……	6 × 5 = ……	9 × 5 = ……
3 × 6 = ……	5 × 6 = ……	6 × 6 = ……	9 × 6 = ……
3 × 7 = ……	5 × 7 = ……	6 × 7 = ……	9 × 7 = ……
3 × 8 = ……	5 × 8 = ……	6 × 8 = ……	9 × 8 = ……
3 × 9 = ……	5 × 9 = ……	6 × 9 = ……	9 × 9 = ……
3 × 10 = ……	5 × 10 = ……	6 × 10 = ……	9 × 10 = ……

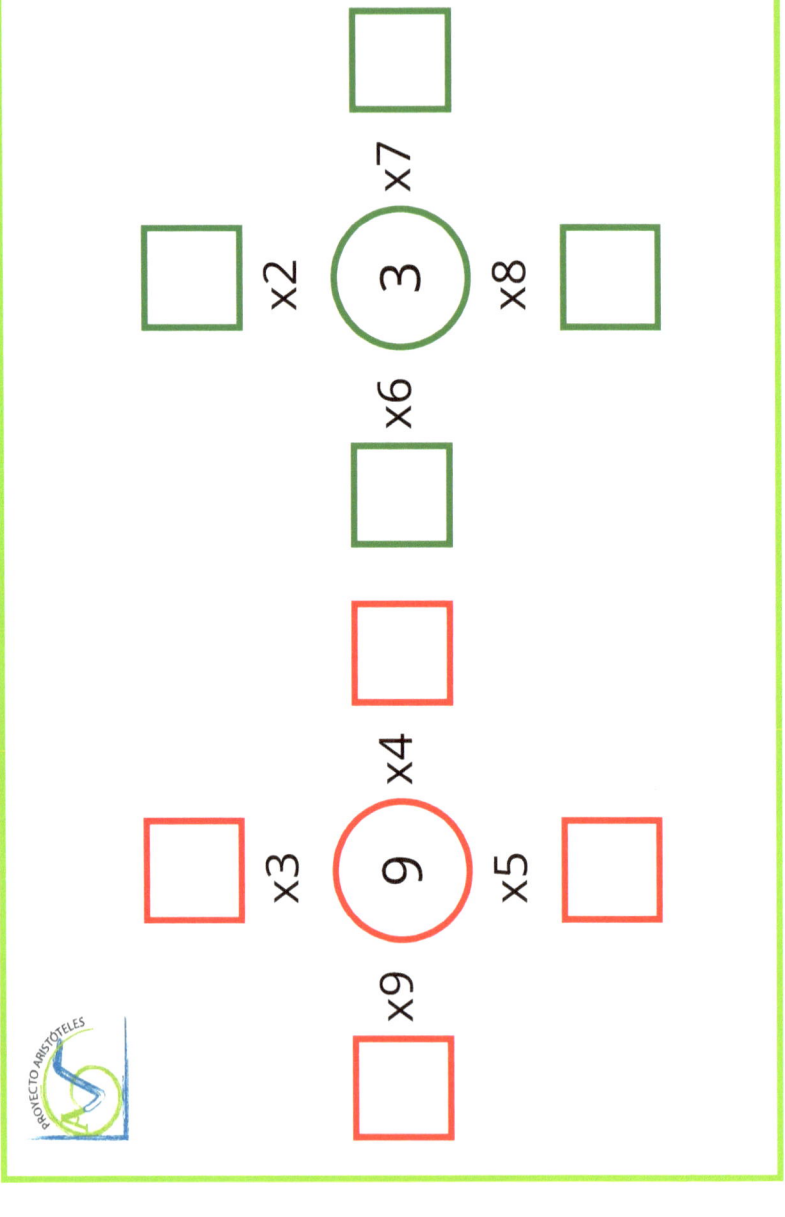

Multiplicación.

7 x 3 =

6 x 5 =

7 x 6 =

6 x 8 =

7 x 2 =

6 x 4 =

7 x 8 =

6 x 3 =

7 x 5 =

6 x 9 =

Multiplicación.

3 x 5 =

5 x 9 =

6 x 3 =

4 x 7 =

2 x 5 =

10 x 3 =

2 x 6 =

3 x 3 =

5 x 4 =

6 x 5 =

6 x 9 =

4 x 8 =

5 x 3 =

3 x 4 =

10 x 5 =

2 x 7 =

5 x 6 =

3 x 9 =

6 x 6 =

4 x 4 =

Completa las tablas

4 x 0 = ...	7 x 0 = ...	10 x 0 = ...	2 x 0 = ...
4 x 1 = ...	7 x 1 = ...	10 x 1 = ...	2 x 1 = ...
4 x 2 = ...	7 x 2 = ...	10 x 2 = ...	2 x 2 = ...
4 x 3 = ...	7 x 3 = ...	10 x 3 = ...	2 x 3 = ...
4 x 4 = ...	7 x 4 = ...	10 x 4 = ...	2 x 4 = ...
4 x 5 = ...	7 x 5 = ...	10 x 5 = ...	2 x 5 = ...
4 x 6 = ...	7 x 6 = ...	10 x 6 = ...	2 x 6 = ...
4 x 7 = ...	7 x 7 = ...	10 x 7 = ...	2 x 7 = ...
4 x 8 = ...	7 x 8 = ...	10 x 8 = ...	2 x 8 = ...
4 x 9 = ...	7 x 9 = ...	10 x 9 = ...	2 x 9 = ...
4 x 10 = ...	7 x 10 = ...	10 x 10 = ...	2 x 10 = ...

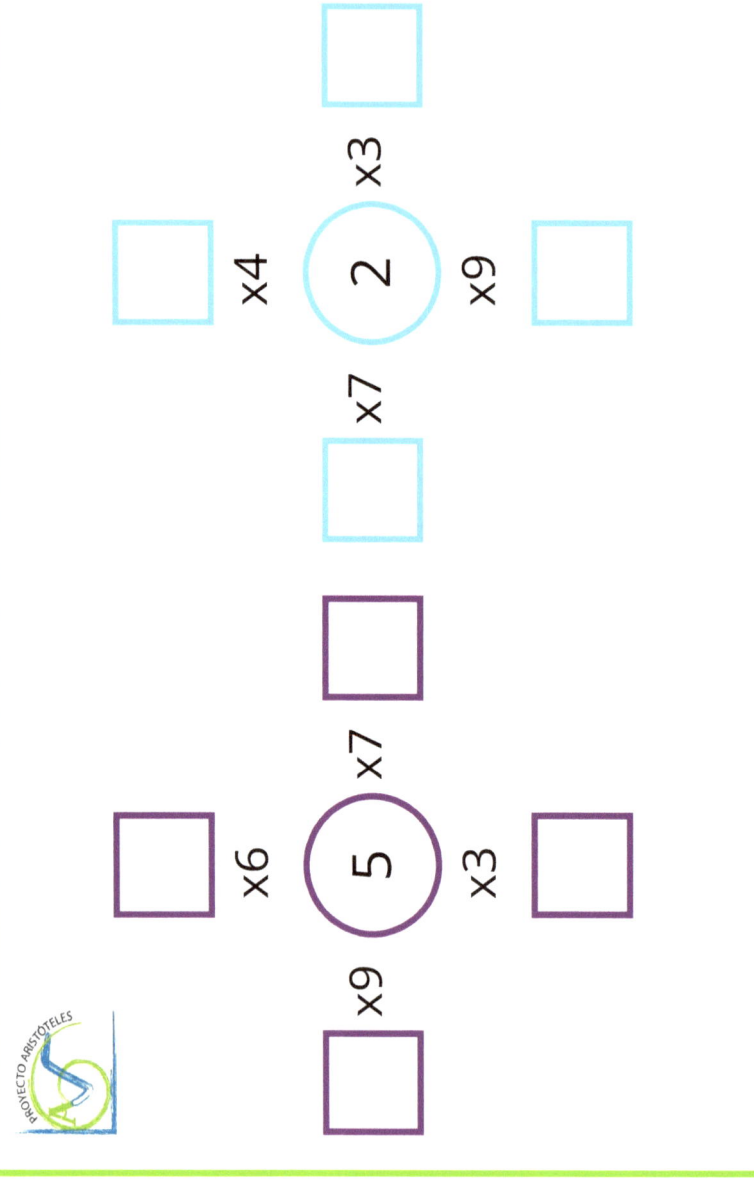

Multiplicación.

7 x 9 =

6 x 6 =

7 x 7 =

6 x 5 =

7 x 3 =

6 x 7 =

7 x 4 =

6 x 3 =

7 x 1 =

6 x 2 =

Multiplicación.

3 x 3 =

5 x 2 =

6 x 8 =

4 x 5 =

2 x 7 =

10 x 5 =

2 x 3 =

3 x 7 =

5 x 6 =

6 x 9 =

6 x 3 =

4 x 2 =

5 x 7 =

3 x 3 =

10 x 1 =

2 x 8 =

5 x 5 =

3 x 5 =

6 x 4 =

4 x 9 =

Completa las tablas

8 × 0 = ……	1 × 0 = ……	5 × 0 = ……	6 × 0 = ……
8 × 1 = ……	1 × 1 = ……	5 × 1 = ……	6 × 1 = ……
8 × 2 = ……	1 × 2 = ……	5 × 2 = ……	6 × 2 = ……
8 × 3 = ……	1 × 3 = ……	5 × 3 = ……	6 × 3 = ……
8 × 4 = ……	1 × 4 = ……	5 × 4 = ……	6 × 4 = ……
8 × 5 = ……	1 × 5 = ……	5 × 5 = ……	6 × 5 = ……
8 × 6 = ……	1 × 6 = ……	5 × 6 = ……	6 × 6 = ……
8 × 7 = ……	1 × 7 = ……	5 × 7 = ……	6 × 7 = ……
8 × 8 = ……	1 × 8 = ……	5 × 8 = ……	6 × 8 = ……
8 × 9 = ……	1 × 9 = ……	5 × 9 = ……	6 × 9 = ……
8 × 10 = ……	1 × 10 = ……	5 × 10 = ……	6 × 10 = ……

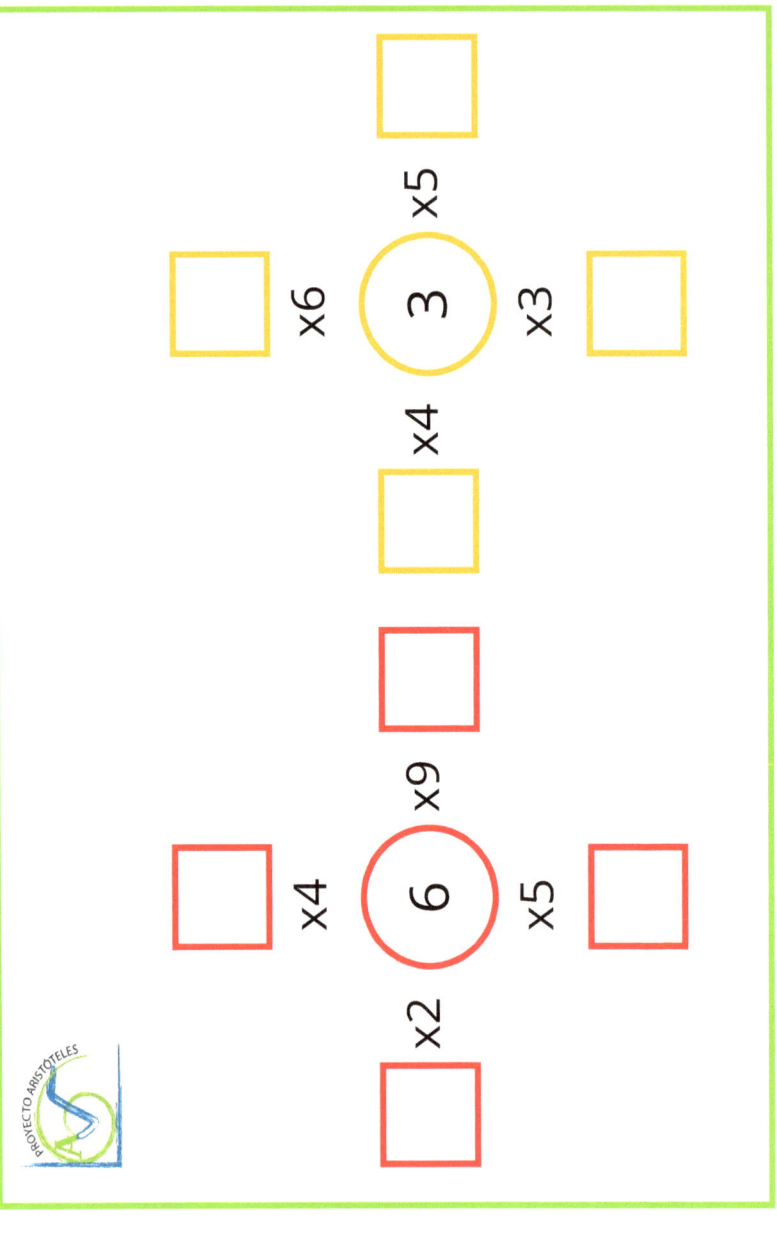

Multiplicación.

9 x 2 =   8 x 8 =

8 x 3 =   9 x 6 =

9 x 5 =   8 x 5 =

8 x 9 =   9 x 4 =

9 x 7 =   8 x 6 =

Multiplicación.

3 x 9 =	10 x 3 =	6 x 6 =	2 x 9 =
5 x 6 =	2 x 7 =	4 x 5 =	5 x 3 =
6 x 2 =	3 x 5 =	5 x 4 =	3 x 6 =
4 x 8 =	5 x 8 =	3 x 7 =	6 x 5 =
2 x 5 =	6 x 4 =	10 x 3 =	4 x 7 =

Completa las tablas

6 × 0 = ...	2 × 0 = ...	9 × 0 = ...	4 × 0 = ...
6 × 1 = ...	2 × 1 = ...	9 × 1 = ...	4 × 1 = ...
6 × 2 = ...	2 × 2 = ...	9 × 2 = ...	4 × 2 = ...
6 × 3 = ...	2 × 3 = ...	9 × 3 = ...	4 × 3 = ...
6 × 4 = ...	2 × 4 = ...	9 × 4 = ...	4 × 4 = ...
6 × 5 = ...	2 × 5 = ...	9 × 5 = ...	4 × 5 = ...
6 × 6 = ...	2 × 6 = ...	9 × 6 = ...	4 × 6 = ...
6 × 7 = ...	2 × 7 = ...	9 × 7 = ...	4 × 7 = ...
6 × 8 = ...	2 × 8 = ...	9 × 8 = ...	4 × 8 = ...
6 × 9 = ...	2 × 9 = ...	9 × 9 = ...	4 × 9 = ...
6 × 10 = ...	2 × 10 = ...	9 × 10 = ...	4 × 10 = ...

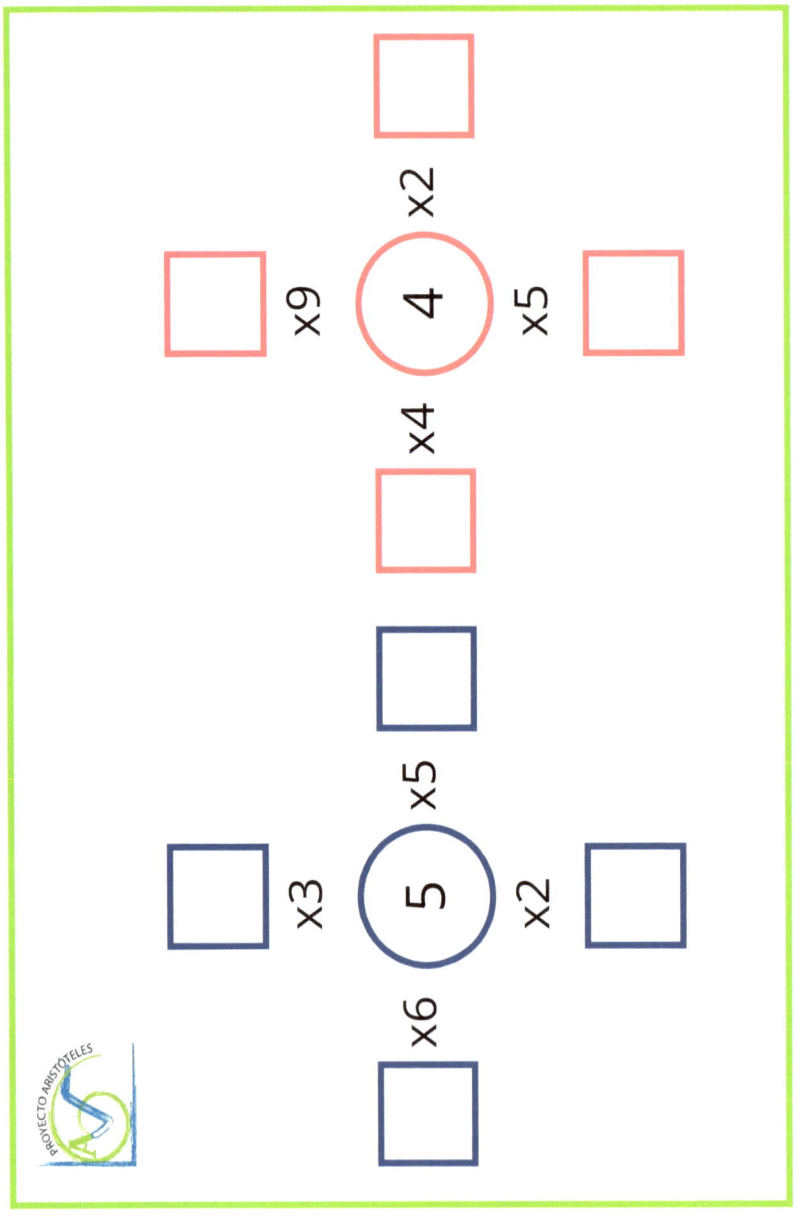

Multiplicación.

9 x 10 =

8 x 6 =

9 x 2 =

8 x 3 =

9 x 9 =

8 x 7 =

9 x 4 =

8 x 4 =

9 x 8 =

8 x 9 =

Multiplicación.

2 x 8 =

5 x 3 =

6 x 9 =

4 x 4 =

3 x 7 =

3 x 3 =

2 x 9 =

10 x 5 =

5 x 6 =

6 x 8 =

5 x 5 =

4 x 3 =

6 x 2 =

3 x 9 =

10 x 9 =

2 x 5 =

5 x 7 =

3 x 4 =

6 x 7 =

4 x 2 =

Completa las tablas

3 x 0 = ...	5 x 0 = ...	8 x 0 = ...	7 x 0 = ...
3 x 1 = ...	5 x 1 = ...	8 x 1 = ...	7 x 1 = ...
3 x 2 = ...	5 x 2 = ...	8 x 2 = ...	7 x 2 = ...
3 x 3 = ...	5 x 3 = ...	8 x 3 = ...	7 x 3 = ...
3 x 4 = ...	5 x 4 = ...	8 x 4 = ...	7 x 4 = ...
3 x 5 = ...	5 x 5 = ...	8 x 5 = ...	7 x 5 = ...
3 x 6 = ...	5 x 6 = ...	8 x 6 = ...	7 x 6 = ...
3 x 7 = ...	5 x 7 = ...	8 x 7 = ...	7 x 7 = ...
3 x 8 = ...	5 x 8 = ...	8 x 8 = ...	7 x 8 = ...
3 x 9 = ...	5 x 9 = ...	8 x 9 = ...	7 x 9 = ...
3 x 10 = ...	5 x 10 = ...	8 x 10 = ...	7 x 10 = ...

Multiplicación.

2 x 2 =

6 x 10 =

9 x 5 =

7 x 9 =

5 x 4 =

3 x 4 =

8 x 8 =

2 x 2 =

5 x 7 =

9 x 5 =

Multiplicación.

2 x 6 =	3 x 5 =		2 x 9 =
5 x 9 =	2 x 4 =	5 x 3 =	5 x 5 =
6 x 7 =	10 x 3 =	4 x 8 =	3 x 6 =
4 x 5 =	5 x 4 =	6 x 6 =	6 x 5 =
3 x 8 =	6 x 3 =	3 x 7 =	4 x 9 =
		10 x 8 =	

Completa las tablas

9 × 0 = ...	6 × 0 = ...	8 × 0 = ...	3 × 0 = ...
9 × 1 = ...	6 × 1 = ...	8 × 1 = ...	3 × 1 = ...
9 × 2 = ...	6 × 2 = ...	8 × 2 = ...	3 × 2 = ...
9 × 3 = ...	6 × 3 = ...	8 × 3 = ...	3 × 3 = ...
9 × 4 = ...	6 × 4 = ...	8 × 4 = ...	3 × 4 = ...
9 × 5 = ...	6 × 5 = ...	8 × 5 = ...	3 × 5 = ...
9 × 6 = ...	6 × 6 = ...	8 × 6 = ...	3 × 6 = ...
9 × 7 = ...	6 × 7 = ...	8 × 7 = ...	3 × 7 = ...
9 × 8 = ...	6 × 8 = ...	8 × 8 = ...	3 × 8 = ...
9 × 9 = ...	6 × 9 = ...	8 × 9 = ...	3 × 9 = ...
9 × 10 = ...	6 × 10 = ...	8 × 10 = ...	3 × 10 = ...

www.ingramcontent.com/pod-product-compliance
Lightning Source LLC
Chambersburg PA
CBHW040810200526
45159CB00022B/136